Holger Haag

Wildbeeren und Nüsse
sammeln und genießen

W0073504

KOSMOS

Wald-Erdbeere — Jun–Aug S. **38**

Vogel-Kirsche — Jun–Aug S. **43**

Echte Himbeere — Jun–Sep S. **39**

Stachelbeere — Jun–Aug S. **49**

Rote Johannisbeere — Jun–Aug S. **40**

Kultur-Apfel — Jul–Okt S. **50**

Preiselbeere — Aug–Nov S. **41**

Kultur-Birne — Jul–Okt S. **52**

Kornelkirsche — Aug–Okt S. **42**

Am Ende des Buches finden Sie eine Übersicht über die Wildbeeren und Nüsse mit den Hauptsammelzeiten im Herbst und im Winter.

Inhalt

WILDBEEREN
und **NÜSSE**
SAMMELN

Verführerisch leuchten rote und blaue Beeren beim Spaziergang in Wald und Feld. Welche darf ich pflücken? Wo lasse ich besser die Finger weg? Sind die Früchte giftig oder können sie gefahrlos gegessen werden? Wer sich vorab schlaumacht, hat die Möglichkeit, in den Genuss leckerer Wildbeeren und Nüsse zu kommen. Die Natur bietet viele Delikatessen am Wegesrand, abseits von Supermarkt und eigenem Garten. Auch Kinder sind mit Begeisterung dabei, wenn sie vom Sammeln bis zur Zubereitung miteinbezogen werden. Doch bevor jetzt hemmungslos zugegriffen wird, sollten einige Dinge bedacht werden. Dann steht dem Genuss wilder Früchte nichts mehr im Weg.

Dieser Korb liefert genug Hagebutten für einige Gläser Marmelade. Ernten Sie immer nur so viel wie sie auch verarbeiten können.

Sammeln in Natur-schutzgebieten ist tabu, überlassen Sie die Früchte den Tieren. Keine Früchte geschütz-ter Arten sammeln.

Wegränder viel befah-rener Straßen und die Nähe von Industrie-anlagen wegen Schad-stoffbelastung meiden.

Auch die Amsel schätzt die Früchte des Weißdorns. Lassen Sie den Tieren immer noch Einiges übrig.

Den Strauch schonen, nicht unnötig Zweige abbrechen und keine Erntekämme, z. B. bei Blaubeeren, verwen-den. Eine Gartenschere, um Rispen, z. B. bei Holunder und Eberesche, abzuschneiden, ist okay.

Feste Handschuhe und robuste Kleidung sind bei wehr-haften Sträuchern mit Dornen und Stacheln nützlich.

Geeignete Sammelbehälter mitnehmen, damit die Früchte nicht gequetscht werden oder sich zu stark er-wärmen. Gut sind offene Körbchen oder Stoffbeutel.

Nur vollreife Früchte sammeln oder Früchte, von denen Sie wissen, dass sie auch zu Hause noch nachreifen.

Möglichst schon beim Sammeln Krabbeltiere von den Früchten abschütteln, sie sollen in der Natur bleiben.

Die Wahrscheinlichkeit ist gering, sich beim Beerennaschen mit dem Fuchsbandwurm zu infizieren. Das gründliche Waschen und das Vermeiden bodennaher Früchte wird empfohlen. Wird die Sammelbeute auf mindestens 60 °C erhitzt, sterben die Eier ab.

Der Fuchs ist Überträger des Fuchsbandwurms. Er fühlt sich auch in vielen Großstädten wohl und kommt bis in die Gärten.

Auch Zecken übertragen Krankheiten wie Hirnhautentzündung (FSME) und Borreliose. Geschlossene Kleidung und über die Hose gezogene Socken können helfen, Zecken abzuwehren, ebenso Abwehrsprays. Gegen FSME schützt eine Impfung.

SCHON GEWUSST?

Zecken sind robust, selbst eine Wäsche bei 40 °C können sie überleben, ebenso wie einen Aufenthalt von mehreren Wochen unter Wasser. Zecken nicht mit dem Fingernagel zerdrücken, da sonst Krankheitserreger in offene Wunden gelangen können.

Entscheidend für den Geschmack der Früchte ist der richtige Zeitpunkt des Sammelns. Viele Beeren entwickeln ihr Aroma erst, wenn sie richtig reif sind, da sie nicht wie unreif gepflückte Äpfel oder Birnen nachreifen. Brombeeren, Himbeeren, Kornelkirschen oder Maulbeeren können sonst zur Enttäuschung werden. Das mühsame Suchen wird am Ende belohnt und leckere Kuchen und Desserts locken mit feinstem Aroma.

Manche mögen's eisig. Kälte und Frost sind die Voraussetzung dafür, dass Schlehen, Hagebutten oder Ebereschenfrüchte genießbar werden. Etwas verschrumpelt und matschig sind sie zwar keine Augenweide, für Säfte oder Marmeladen müssen sie das aber auch nicht sein.

SAMMELTIPP

Sammeln Sie nur trockene Früchte, denn mit Regen oder Tau befeuchtete Früchte sind nicht so aromatisch und verderben schneller.

Ebereschen (Foto), Schlehen und andere brauchen Frost: Viele Sammler schwören darauf, die Früchte nach dem ersten Frost zu ernten und dann eine weitere Frostperiode in der Tiefkühltruhe zu simulieren. So würden die Früchte noch leckerer – geschützt vor anderen Leckermäulern.

VORSICHT
vor
GIFTIGEN
BEEREN

Für gefahrloses Sammelvergnü-
gen gilt: Nur bei Früchtchen
zuschlagen, die Sie genau
kennen. Neben Bauch-
schmerzen oder Übelkeit
gibt es auch lebensgefähr-
liche Früchte, wie Tollkirsche
oder Einbeere. Fragen Sie
im Zweifelsfall lieber einen
erfahrenen Sammler. Wird
Ihnen nach dem Essen dennoch
unwohl, rufen Sie die Giftnotrufzentrale
(s. S. 58) an und gehen direkt zum Arzt.

SCHON GEWUSST?

Das
Rotkehlchen
ist wie andere
Vogelarten gegen die
toxischen Alkaloide und
Glykoside des Pfaffen-
hütchens resistent (s. Foto
unten). Für Menschen
sind bereits wenige
Beeren tödlich giftig.

Einige essbare Früchte wie Äpfel oder Fe senbirnen
enthalten besonders in den Kernen leichte Giftstoffe.
Deshalb sollten sie beim Verarbeiten entfernt werden.

Hände weg von Beeren, die Sie nicht eindeutig erkennen und bestimmen können. Auf den folgenden zwei Doppelseiten finden Sie die wichtigsten sehr giftigen und giftigen Arten, die Sie auf keinen Fall probieren sollten. Meist sind nicht nur die Früchte giftig, sondern die ganze Pflanze. Bei Eibe und Pfaffenhütchen ist bekannt, dass sogar das Einatmen vom Holzstaub zu Vergiftungserscheinungen führen kann.

SCHON GEWUSST?

Alles an der Eibe ist stark giftig, nur der rote, klebrige, süße Samenmantel nicht. Aber aufgepasst: Den stark giftigen Kern nicht zerbeißen! Daher Kinder besser gar nicht probieren lassen.

Aronstab   Eibe   Pfaffenhütchen

Stinkwacholder (vgl. S. 37)   Einbeere   Tollkirsche

Seidelbast   Stechpalme   Zaunrübe

Feuerdorn (vgl. S. 45)

Rote Heckenkirsche

Gewöhnlicher Schneeball

Efeu

Kirsch-Lorbeer (vgl. S. 34)

Kreuzdorn (vgl. S. 33)

Bittersüßer Nachtschatten   Maiglöckchen   Mistel

Zwerg-Holunder (vgl. S. 36)   Faulbaum (vgl. S. 30, 35)   Liguster

Wilde **FRÜCHTCHEN**
ZU HAUSE
GENIESSEN

Das Abrebeln der Holunderbeeren ist mühsam. Doch lassen sich hier die unreifen, giftigen Beeren gut aussortieren, da sie am Stängel hängen bleiben. Die Reifen lassen sich leicht abziehen.

Jetzt geht es den Früchtchen an den Kragen. Es gibt die unterschiedlichsten Methoden, das Sammelgut haltbar zu machen oder in anderer Form weiterzu verarbeiten, abhängig von der jeweiligen Frucht.

Nur sehr wenige Früchte lassen sich einfach über einen längeren Zeitraum lagern, ohne zu verderben. Das geht vor allem mit Äpfeln, Quitten und einigen Birnensorten. Natürlich ist das auch mit Nüssen kein Problem.

SCHON GEWUSST?

Äpfel nicht mit Kartoffeln zusammen in einem Raum lagern. Die Äpfel dünsten Ethen aus, ein Pflanzenhormon, das die Kartoffeln zum Keimen anregt.

Nicht jedes Obst übersteht eine Kältebehandlung so ohne Weiteres. Ganze Äpfel und Birnen oder Erdbeeren werden nach dem Auftauen unansehnlich und matschig. Mit klein geschnittenen Äpfeln geht es besser und Erdbeeren sollten lieber gleich als **Püree** eingefroren werden. Denn je kleiner das Obst ist, desto schneller kühlt es ab. So entstehen keine großen Eiskristalle, die die Zellen zum Platzen bringen.

Die einfachste Art der Saftgewinnung größerer Mengen ist die mit dem **Dampfentsafter** (s. Foto links). Denn Saftgewinnung und Konservierung geschieht hier in einem Arbeitsgang. Damit das Obst noch mehr Saft zieht, wird es vorher mit Zucker gemischt (ca. 50–100 g/kg Obst).

Der Saft kann für Gelees oder Fruchtsirups weiterverarbeitet werden.

TIPP NORDDEUTSCHE FLIEDERSUPPE

500 g Holunderbeeren in 1 l Wasser, Kirsch- oder Apfelsaft und der Schale einer unbehandelten Zitrone ca. 15 Min. kochen lassen. Durch ein feines Sieb streichen und mit 80 g Zucker und 1 P. Vanillezucker wieder aufkochen. 30 g Speisestärke mit 3 EL Sahne verrühren und Suppe binden. 2–3 Äpfel oder Birnen klein schneiden und mitziehen lassen. Fertig!

TIPP HAGEBUTTENMARMELADE

Das Entfernen der Kerne und Haare ist sehr mühsam. Alternativ ganze Hagebutten in Wasser und Apfelsaft kochen. Wenn Sie aufplatzen und allmählich breiig werden, durch ein feines Sieb streichen. Danach weiterkochen und dann Gelierzucker hinzufügen. Funktioniert wunderbar!

Natur konserviert im Twist-off-Glas: Wildbeerenmarmeladen sind exklusive Geschmackserlebnisse.

Die Formel: Früchte + **Einmachzucker** = haltbarer Genuss geht immer auf. Halten Sie sich einfach an die Angaben auf der Einmachzucker-Verpackung. Sie können die Marmelade pur, d. h. nur aus einer Sorte, kochen oder selbst Mischungen kreieren. Von Apfel-Holunder, Stachelbeer-Erdbeer über Sanddorn-Birne bis zu Eberesche-Hagebutte: Eine Kombination aus süßen und sauren Früchten schmeckt meist sehr lecker.

Etwas aus der Mode gekommen ist das Einkochen oder Einwecken mit einem Einkochapparat. Das Obst wird durch die Hitze sterilisiert. Daher muss keine Zuckerlösung zum Haltbarmachen dazugegeben werden, kann aber dem Geschmack guttun. Die Früchte müssen vollständig mit Wasser oder Zuckerlösung bedeckt sein. Himbeeren, Johannisbeeren, Stachelbeeren und Maulbeeren lassen sich gut zusammen einkochen und bilden die Basis für eine leckere Rote Grütze. Gewürze wie Zimt, Vanilleschoten oder Nelken bringen den richtigen Pfiff und werden einfach mitgekocht. Je nach Obstsorte ist die Einkochtemperatur und die Einkochzeit unterschiedlich. Die Hersteller der Einkochapparate machen für ihre Geräte genaue Angaben.

Eine Klammer verschließt das Glas. Sie ist nötig, da sich beim Erhitzen ein Überdruck bildet. Beim Abkühlen entsteht ein Vakuum, das den Deckel luftdicht abschließt. Die Klammern daher erst entfernen, wenn das Glas ganz abgekühlt ist.

Kinderleicht selbst gebaut ist ein Trocknungsgerät für Apfelringe.

Für die älteste Methode, Obst haltbar zu machen, benötigt man einen warmen, luftigen und schattigen Ort, an dem das Obst auf einem Rost ausgelegt wird. Die Temperatur sollte 50 °C nicht übersteigen. Direkte Sonneneinstrahlung schadet den Früchten. Energieaufwendiger geht es auch im Backofen, am besten mit Umluft und leicht geöffneter Backofentür. Wollen Sie viel trocknen, lohnt sich die Anschaffung eines Dörrautomaten.

Lust auf Apfelchips? Äpfel in dünne Scheiben schneiden, damit sie schnell trocknen und nicht schimmeln. In Zitronenwasser tunken, so laufen sie nicht braun an. Die Scheiben auf eine Schnur auffädeln und aufhängen. Bei allen saftigen Früchten, wie Erdbeeren oder Himbeeren, muss die Trocknung besonders schnell gehen, da ist einiges an Erfahrung nötig. Gesund sind Trockenfrüchte allemal: Getrocknete Heidelbeeren helfen sogar bei Durchfall.

SCHON GEWUSST?

Genug getrocknet? Um festzustellen, ob die Früchte schon trocken sind, eine kleine Probe in einem Gefrierbeutel verschließen. Beschlägt er, muss weiter getrocknet werden.

Nussig lecker

Nussknacker aufgepasst! Eine streichzarte Delikatesse verbirgt sich hinter der rauen Schale. Nüsse knacken, in der Pfanne rösten und dann mit einer Zerkleinerer-Küchenmaschine zu einem cremigen **Nussmus** vermahlen, ggf. etwas Speiseöl dazu, fertig! Das Mus kann selbst gemachten Schokocremes untergemischt oder pur mit Butter und Honig aufs Brötchen gestrichen werden. Lecker!

Sehr gehaltvoll: Haselnüsse enthalten 60 % Öl.

Allerlei Alkohol

Edle Tropfen aus heimischen Früchten sind ein schönes Geschenk. Beim **Aufgesetzten** werden die Früchte, z. B. Schlehen, Johannisbeeren oder Kirschen, mit Zucker oder Kandis und Hochprozentigem (Korn, Wodka oder Rum) angesetzt und mehrere Wochen stehen gelassen. Der Alkohol löst die Aromastoffe aus den Früchten. Ähnlich funktioniert der **Rumtopf**, nur werden hier verschiedene Früchte in einem Topf mit Zucker und 54%igem Rum übergossen. Den Anfang machen im Sommer die Erdbeeren, dann kommt weiteres Obst dazu. Die Früchte müssen immer mit Rum bedeckt sein.

Weitaus komplizierter ist das Experimentieren mit der alkoholischen Gärung, also dem Herstellen von **Most**, **Wein** oder **Selbstgebranntem**. Um hier gute Ergebnisse zu erzielen, bedarf es einiges an Zubehör (Gärbehälter, Zuchthefen, Messinstrumente, Flaschen zum Abfüllen) und Sauberkeit bei der Herstellung. Ist das Ansetzen von Most und Wein noch ganz legal, braucht man für das richtige Brennen von **Obstschnäpsen** eine Lizenz, oder man gibt die Maische einer Auftragsbrennerei, die den Obstler brennt. Nur Destillen mit einem Brennkessel von 0,5 Litern sind für den Hobbydestillator zugelassen und legal.

Raffiniert: selbst gemachter Rumtopf zu Eis, Pudding oder Grießbrei.

ESSBARE
WILDBEEREN und NÜSSE
im PORTRÄT

Die Größenangabe im Porträtkopf gibt die
Höhe der einzelnen Sträucher an.

Nach dem ☠ folgen in den Arten-Porträts
Hinweise auf giftige Verwechslungsarten.
Generell gilt: Bitte nur sammeln und probieren,
wenn Sie sich wirklich sicher sind, dass Sie
die richtige, essbare Art vor sich haben.

Brombeere   Aug–Okt

0,5–3 m · kantige, stachelige Triebe · dunkle Sammelfrucht

Mit wehrhaftem Wuchs schützt sich die Brombeere vor Fressfeinden. Die hakenförmigen Stacheln machen es uns nicht leicht, an die leckeren Beeren zu kommen. Viele winzig kleine Beeren bilden eine Sammelfrucht. Sollten tiefschwarz und saftig gepflückt werden, reifen nicht nach. An Waldrändern, Lichtungen und Gebüschen.

ZUBEREITUNG: Frisch vom Strauch schmeckt sie am besten, ansonsten wird daraus leckere Marmelade, Gelee, Rumtopf oder Saft. Sie lässt sich sogar einfrieren.

SCHON GEWUSST?

Seidenraupen fressen Maulbeerblätter. So stammen viele Bäume aus den 1930er-Jahren, als hier versucht wurde, Seide herzustellen.

Schwarze Maulbeere   Jul–Aug

6–16 m · brombeerähnliche Früchte

Von Weiß über Hellrot bis Tiefschwarz hängen die Früchte in allen Reifestadien am Baum. Aber nur die saftigen dunklen Beeren schmecken aromatisch. Die Blätter sind sehr variabel, meist herzförmig und am Rand gezahnt, einige aber auch drei- bis fünflappig. Der Weiße Maulbeerbaum hat weniger leckere Früchte.

ZUBEREITUNG: Gekocht wird das Aroma intensiver. Für Saft, Marmelade oder Kompott. Getrocknet wie Rosinen. Saftflecken lassen sich kaum aus Kleidung entfernen.

Echte Felsenbirne   Aug–Sep

1–3 m · blau bereifte Beeren mit langen Kelchblättern

Wegen ihrer schönen feurigen Herbstfärbung hat es die Felsenbirne von den Felshängen und Waldrändern in viele Parks und Gärten verschlagen. Die an Blaubeeren erinnernden Früchte schmecken lecker. Die unreifen Früchte enthalten geringe Mengen Blausäure-Glykoside. Reife Früchte und unzerkaute Kerne sind harmlos. ☠ Verwechslung mit giftigem Faulbaum (S. 17).

ZUBEREITUNG: Mühsam, da Früchte kernreich, geben gute Marmelade; auch getrocknet wie Rosinen oder als Likör.

SCHON GEWUSST?

Blaubeeren verfärben Zunge und Zähne. Dafür sind Anthocyane (Pflanzenfarbstoffe) verantwortlich. Sie wirken entzündungshemmend.

Heidelbeere, Blaubeere   Aug–Sep

15–50 cm · rundliche dunkle Früchte · gezahnter Blattrand

Heidel- oder Blaubeeren sind die leckersten und begehrtesten Früchte in unseren Wäldern und Heiden. Die kleinen unscheinbaren Sträucher werden maximal kniehoch, können aber auch dichte Bestände bilden. Daher lohnt sich das Sammeln auf jeden Fall, wenn die Sträucher voll mit Beeren hängen. Blaubeeren wachsen auf moorigen, sauren und mageren Böden.

ZUBEREITUNG: Für Quark, Joghurt oder Obstkuchen, Saft oder Marmelade; eingefroren und getrocknet.

SCHON GEWUSST?

Mahonien enthalten Alkaloide. Um Magen-Darm-Beschwerden zu vermeiden, Samen entfernen und nicht zu viele Beeren essen.

Gewöhnliche Mahonie   Aug–Dez

0,5–1,8 m · stachelige Blätter · dichter, traubiger Beerenstand

Der immergrüne Strauch hat es wegen seiner leuchtend gelben Blütenrispen und den reifblauen Beeren bis zur Staatsblume von Oregon gebracht. Wächst als Zierstrauch in Parks und Gärten, steht aber auch verwildert in lichten Wäldern. Beeren ergeben dunkelroten Saft und enthalten geringe Mengen leicht giftiger Alkaloide.

ZUBEREITUNG: Die Beeren schmecken zwar recht sauer, es lässt sich aber Marmelade, Gelee, Saft, Kompott, Wein oder Likör daraus herstellen.

Schlehe, Schwarzdorn   Nov–Jan

1–6 m · sehr dornige Zweige · blaue bereifte Früchte

Vor dem ersten Frost sind die Früchte sehr sauer und herb und nicht genießbar. Nach dem Frost können sie auch roh gegessen werden. Der Stein löst sich aber nur schwer vom wenigen Fruchtfleisch. Häufiger Strauch in Hecken und an Waldrändern. Im März und April leuchten die weißen Blüten. ☠ Verwechslung mit giftigem Kreuzdorn (S. 16).

ZUBEREITUNG: Nach dem ersten Frost ernten, evtl. wieder einfrieren und dann zu Saft oder Gelee verarbeiten. Beliebt ist auch das Ansetzen von Schlehenlikör.

SCHON GEWUSST?

Die sehr ähnliche, inzwischen weit verbreitete Späte Traubenkirsche aus Nordamerika blüht 2 Wochen später. An ihren Früchten sind noch Kelchreste erkennbar.

Gewöhnliche Traubenkirsche   Jul–Aug

bis 15 m · schwarze Beeren · kein Kelchrest am Fruchtstiel

Die schwarzen, ca. 1 cm dicken Früchte hängen an einer bis zu 15 cm langen Traube. Die Pflanze ist leicht giftig, das Fruchtfleisch nicht. Die Früchte schmecken roh etwas herb und bitter. Traubenkirschen wachsen in der Wassernähe, an Seen, Bächen und Auwäldern. ☠ Ähnlich dem Kirsch-Lorbeer (S. 16), der einen giftigen Kern hat.

ZUBEREITUNG: Aus dem ungiftigen Fruchtfleisch können Sie gut Marmelade, Gelee, Mus und Saft kochen. Oder Sie setzen einen dunklen Traubenkirschenlikör an.

Stein-Weichsel, Felsen-Kirsche   Jul–Aug

1–10 m · kleine schwarze Früchte · glatter Kern

Ihre Kirschen hängen unterschiedlich reif an kleinen
Schirmtrauben. Nur die vollreifen Früchte sind genießbar, schmecken etwas bitter. Die Ausbeute ist gering,
weil sie nur wenig Fruchtfleisch haben. Wächst vor allem
im Süden an sonnigen Waldrändern oder Felshängen.
Verwechslung mit giftigem Faulbaum (S. 17) möglich.

ZUBEREITUNG: Aus den Kirschen kann Marmelade, Mus
oder Gelee gekocht werden. Steine unbedingt entfernen,
da sie Blausäure-Glykoside enthalten.

SCHON GEWUSST?

Rohe Holunderbeeren bereiten Bauchschmerzen und Übelkeit. Daher sollten sie auf jeden Fall vorm Verzehr gekocht werden.

Schwarzer Holunder   Aug–Okt

2–7 m · gefiederte Blätter · duftende Blüten · dunkle Beeren

Die „Federn" aus Frau Holles „Hollerbusch" fallen im Märchen als Schnee auf die Erde. Diese cremeweißen Blütendolden duften stark. Im Herbst werden die Früchte geerntet. Der Saft hilft gegen Fieber und Erkältungen. ☠ Verwechslung mit dem giftigen Zwerg-Holunder (S. 16).

ZUBEREITUNG: Blüten: Holunderblütensirup, Holunderblütensekt, Limonade, Tee, Bowle oder zum Aromatisieren von Süßspeisen. Beeren: Marmelade, Gelee, Saft, Fliedersuppe, Punsch, Wein.

Gemeiner Wacholder   Aug–Okt

2–10 m · **stachelige Nadeln** · **säulenartiger Wuchs**

Schafe und Rinder machen einen Bogen um seine spitzen Nadeln, daher bleibt der Wacholder auf Heiden und Trockenrasen oft als einziger Strauch übrig. So entstehen Wacholderheiden. Der piksige Nadelbaum trägt beerenartige Zapfen. ☠ Verwechslung mit Stinkwacholder (S. 15).

ZUBEREITUNG: Wegen der ätherischen Öle vor allem als Gewürz, z. B. in Sauerkraut oder für Wildgerichte, auch für Tee und Wacholderschnaps. In Schwangerschaft und bei Nierenproblemen wird von Wacholderbeeren abgeraten.

Wald-Erdbeere Jun–Aug

bis 20 cm · dreiteilige, gezähnte Blätter · bildet Ausläufer

Wald-Erdbeeren sind nicht nur lecker, sie enthalten auch viele Mineralstoffe und Vitamine. Aus botanischer Sicht sind sie gar keine Beeren, sondern Sammelnussfrüchte. Die „Pocken" auf den roten kugeligen Früchten sind kleine hartschalige Nüsschen. Wald-Erdbeeren bilden größere Bestände auf Lichtungen, Waldrändern und Böschungen.

ZUBEREITUNG: Gleich frisch genießen oder für leckeren Obstkuchen, Quarkspeisen, Fruchtsoße, Marmelade und Saft, auch in Bowle und Rumtopf.

SCHON GEWUSST?

Nur voll ausgereifte Beeren mit vollem Aroma lösen sich leicht ab. Als kleinen Vorrat lassen sie sich gut auf einen festen Halm fädeln.

Echte Himbeere Jun–Sep

bis 2 m · viele feine Stacheln · weiche rote Frucht

Der kleine stachelige Himbeerstrauch trägt keine richtigen Beeren, sondern Sammelsteinfrüchte, deren Kerne zwischen den Zähnen stecken bleiben. Die Früchte hängen größtenteils im oberen Drittel der Ruten und lassen sich, wenn sie reif sind, leicht vom Blütenboden ablösen. Auf Kahlschlägen, Lichtungen und Waldrändern.

ZUBEREITUNG: Pur eine Delikatesse, aber auch in Kuchen, Marmelade, Gelee, Saft, Fruchtsoße, getrocknet im Müsli oder vergoren als Himbeerwein oder Himbeergeist.

SCHON GEWUSST?

In Öster-
reich heißen sie
Ribiseln. Mit einer
Gabel lassen sie sich
gut von den Stielen
abstreifen. Der saure
Saft reinigt die
Hände.

Rote Johannisbeere   Jun–Aug

bis 2 m • kugelige Beeren in Rispen • Blätter 3- bis 5-lappig

So schmeckt der Sommer: pralle, saftige, erfrischend
säuerliche Johannisbeeren. Die Früchte wachsen an
mehrstämmigen Sträuchern in herabhängenden Rispen.
Die Blüten sind sehr unscheinbar grünlich gelb. Wildform
auf feuchten tonigen Böden in Au- und Schluchtwäldern.
Viele ertragreiche Züchtungen, auch mit weißen Beeren.

ZUBEREITUNG: Frisch auf Obstkuchen, in Quarkspeisen
oder im Müsli. Ansonsten prima für Saft, Marmelade,
Gelee, Chutney, Rote Grütze oder Wein.

SCHON GEWUSST?

Preiselbeersaft soll gegen aufsteigende Infektionen der Blase wirken. Er enthält viele wichtige Mineralstoffe und Vitamin C.

Preiselbeere   Aug–Nov

bis 30 cm · kleine ledrige Blätter · Früchte dicht zusammen

In Skandinavien sind Preiselbeeren das ‚rote Gold des Waldes", da sie die Küche vielfältig bereichern. Die glockenförmigen Blüten lassen erkennen, dass sie zu den Heidekrautgewächsen gehören. Auf sauren und nährstoffarmen Böden wie Heiden, lichten Nadelwäldern und Mooren und in den Alpen bis in 2500 Meter Höhe.

ZUBEREITUNG: Roh sauer, gelieren schnell beim Kochen. Für Saft, Marmelade, Gelee. Gut zu herzhaften Wildgerichten. Zu lang gekocht werden Preiselbeeren bitter.

SAMMELTIPP

Lassen sich am besten ernten, indem man die Äste kräftig schüttelt. Die reifen und süßen Kornelkirschen fallen dann von selbst ab.

Kornelkirsche   Aug–Okt

2–8 m • olivengroße rote Früchte • 4 bogige Blattnerven

Kornelkirschen lieferten früher Holz für Hammerstiele. Die säuerlich herben Früchte werden im Spätsommer geerntet. Je reifer die Früchte, desto süßer und desto besser lösen sich die Steine. Früchte reifen nach und nach, Ernte alle drei Tage. Ziergehölz in Parks und Gärten, wild an sonnigen Hängen, Waldrändern und Hecken.

ZUBEREITUNG: Die aromatischen Früchte können zu Marmelade, Saft, Gelee, Wein und Schnaps verarbeitet werden. In der Türkei werden sie getrocknet und kandiert.

Vogel-Kirsche   Jun–Aug

bis 20 m · dunkelrote bis schwarze Früchte · glatte rotbraune Rinde

Klein, aber fein: Mit den großen Früchten der Zucht-Süß-Kirsche kann sie nicht mithalten, ist aber dunkel und vollreif genauso lecker. Die Ringelborke mit den quer verlaufenden Korkwarzen ist typisch. In sonnigen Laubmischwäldern, Waldrändern und Feldgehölzen. ☠ Verwechslung mit giftigem Kirsch-Lorbeer (S. 16).

ZUBEREITUNG: Enthält relativ wenig Fruchtfleisch. Eignet sich wie die deutlich ertragreichere Süß-Kirsche für Marmelade, Gelee, Kompott, Likör oder Wein.

SCHON GEWUSST?

In Parks steht oft eine Kulturform, die Mährische Eberesche. Sie enthält weniger Bitterstoffe und eignet sich besser für Marmeladen.

Eberesche   Aug–Okt

bis 15 m · gefiederte Blätter · büschelige Fruchtstände

Wie kleine rote Miniäpfel sehen die Früchte der Eberesche aus. Sie schmecken ziemlich herb und sauer und sollten nicht roh gegessen werden. Erhitzen, langes Einfrieren (6 M.) oder das Einlegen (24 h) in Essigwasser mildern die unangenehmen Bitterstoffe. Auf Kahlschlägen, an Waldrändern, auch in Parks und Gärten.

ZUBEREITUNG: Früchte lassen sich zu Saft, Sirup, Gelee, Mus und Kompott verarbeiten. Die Beeren sollten für die Verarbeitung herb, aber nicht extrem bitter sein.

Sanddorn Sep–Nov

bis 6 m • orangefarbene Früchte • silbrige, nadelförmige Blätter

Die „Zitrone des Nordens" gilt als Vitaminbombe. Die Früchte sitzen leider sehr dicht an den dornigen Zweigen. Für den Saft kann man die Beeren mit festen Handschuhen direkt am Strauch zerdrücken (melken). An der Küste, auf sandigen Böden, in Parks und Gärten. ☠ Der leicht giftige Feuerdorn (S. 16) hat ähnlich gefärbte Früchte.

ZUBEREITUNG: Aus den Beeren wird Saft, Marmelade und Likör hergestellt, frisch in Quarkspeisen und Joghurt. Die getrockneten Beeren aromatisieren auch viele Tees.

Weißdorn   Aug–Okt

2–10 m · 3- bis 5-lappige Blätter · dornige Äste · rote Apfelfrüchte

Einer, zwei oder drei? In den Früchten des Eingriffeligen Weißdorns ist jeweils ein Kern, in denen des etwas selteneren Zweigriffeligen Weißdorns sind zwei bis drei Kerne. Sie schmecken roh recht fad und mehlig und wurden daher früher Mehlfässchen genannt. Häufig in Hecken, Gebüschen und an Waldrändern auf kalkreichen Böden.

ZUBEREITUNG: Die säuerlich-süßen Früchte verwendet man zusammen mit anderen aromatischen Früchten zu Marmeladen, Kompott oder Mus. Gut als Geliermittel.

SCHON GEWUSST?

Nicht nur die Hecken-Rose liefert Hagebutten: Alle Hagebutten sind essbar, auch die dicken Früchte der Kartoffel-Rose und die schwarzen der Bibernell-Rose.

Hecken-Rose, Hagebutte   Sep–Nov

bis 3 m · eiförmige Früchte · Kelchblätter noch an den Früchten

Dornröschen lässt grüßen: Handschuhe sind zu empfehlen, wenn man es auf die Hecken-Rosen-Früchtchen, die Hagebutten, abgesehen hat. Die sauren Früchte werden mit zunehmender Reife immer süßer. Sie enthalten etwa 20-mal so viel Vitamin C wie Zitronen. Überall an Waldrändern, Feldgehölzen, Böschungen und Hecken.

ZUBEREITUNG: Für Tees werden die Fruchtschalen getrocknet. Ansonsten ideal für Marmelade (Hägenmark, Hiffenmark), Fruchtsoße, Suppe, Mus und Wein.

SCHON GEWUSST?

Die Früchte enthalten im Gegensatz zu Blättern und Rinde keine giftigen Alkaloide, dagegen viel Vitamin C. Getrocknet sind sie kleine „Vitamin-bonbons".

Berberitze, Sauerdorn   Aug–Jan

1–3 m · rote längliche Früchte, dreiteilige Dornen

Die wehrhafte Berberitze verteidigt ihre ca. 1 cm langen, herb-säuerlichen Früchte mit spitzen Dornen gegen willige Sammler. Die eiförmigen Blätter sind am Rand stachelig gezähnt. Auf trockenen, kalkhaltigen Böden an Waldrändern und in Gebüschen. Als Zierstrauch stehen viele Berberitzenarten auch in Parks und Gärten.

ZUBEREITUNG: Früchte werden als Zusatz für Gelee und Marmelade verwendet, auch für Likör; im Orient als Reis-gewürz, ideal für pikante Soßen zu Fisch oder Fleisch.

Stachelbeere   Jun–Aug

1–1,5 m · Äste mit Stacheln besetzt · behaarte Früchte

Die Wildform der Stachelbeere hat deut ich kleinere Früchte als die Zuchtformen. Die gelblichen oder rötlichen Früchte sind steif behaart und haben noch einen vertrockneten Kelchrest am Vorderende. Je nach Reifegrad schmecken sie leicht sauer bis süß. Die wilde Beere wächst in Wäldern, auf lockeren, kalkhaltigen Böden.

ZUBEREITUNG: Gern roh vernascht. Für Obstkuchen, als Kompott, für Marmelade (lecker mit Kiwis und Bananen), Gelee, Saft, Wein, Grüne Grütze oder im Rumtopf.

SCHON GEWUSST?

Die Kerne enthalten Amygdalin, das im Körper zu Blausäure abgebaut wird. Keiner isst und zerbeißt so viele Kerne, dass eine vergiftende Wirkung eintritt.

Kultur-Apfel   Jul–Okt

2–15 m · grüne, gelbe, rote Schale · knackige, saftige Frucht

Mit über 1000 Apfelsorten allein in Deutschland ist er unsere sortenreichste und am häufigsten gegessene Frucht. Unsere Vorfahren in der Steinzeit mussten sich mit dem kleinen sauren Wild-Apfel begnügen, der vereinzelt in unseren Wäldern wächst. Kultur-Bäume überall in Gärten, Obstwiesen, verwildert in Hecken und an Waldrändern.

ZUBEREITUNG: Sehr vielseitig nutzbar für Saft, Gelee, Kompott, Kuchen, Gebäck, Bratapfel, Apfelkraut, Essig, Apfelwein oder getrocknet als Apfelchips (s. S. 23).

Quitte   Okt–Nov

2–8 m • gelbe, filzig behaarte Frucht • holziges Fruchtfleisch

Roh sind Quitten ungenießbar, denn das Fruchtfleisch ist
mit harten Steinzellen durchsetzt und schmeckt ziemlich
herb. Nach Aussehen der Früchte werden Apfelquitten
und Birnenquitten unterschieden. Vor der Verarbeitung
muss der pelzige Belag von der Schale entfernt werden.
Ursprünglich stammt die Quitte aus dem Kaukasus.

ZUBEREITUNG: In Saft, Marmelade, Gelee, Kompott oder
Likör schmecken Quitten köstlich. Auch zu herzhaften
Gerichten (z. B. Lamm) gut geeignet oder als Quittenbrot.

Kultur-Birne   Jul–Okt

2–25 m · rundliche bis flaschenförmige Früchte · rote Staubbeutel

Saftig und süß soll sie sein, aber nur die sogenannte Tafel-Birne ist es. Viele alte Sorten, z. B. Most-Birnen, dienen nur der Saftbereitung und sind eher klein und holzig. So auch die Holz-Birne, ein bitter schmeckender Birnenvorfahr aus unseren Wäldern, der an heutigen Züchtungen beteiligt ist. Birnbäume mögen es warm und trocken.

ZUBEREITUNG: Birnen eignen sich hervorragend für Saft, Sirup, Most, Mus, Marmelade, Gelee, zum Einkochen, als Likör, Obstbrand, Schnaps und als Trockenfrüchte.

SCHON GEWUSST?

Im südwestlichen Wienerwald gibt es das einmalige Elsbeerreich. Hier wächst eine einzigartige Anzahl an solitären, gut fruchtenden Elsbeerbäumen.

Elsbeere   Sep–Nov

bis 30 m • spitz gelappte Blätter • gepunktete Früchte

Die „Schöne Else" war Baum des Jahres 2011. Ihre etwa 2 cm großen, eiförmigen Früchte müssen mühsam mit der Hand gepflückt werden, da sie durch Schütteln nicht herunterfallen. Der mehlige Geschmack wandelt sich bei überreifen Früchten oder nach dem ersten Frost ins Süßlich-Saure. Selten, in lichten, wärmeliebenden Wäldern.

ZUBEREITUNG: Aus den Früchten wird Kompott, Saft, Gelee oder ein guter Obstbrand. Auch in Kuchen und Gebäck oder getrocknet im Müsli.

Rot-Buche   Sep–Okt

bis 30 m · vierklappiger Fruchtbecher · dreikantige Nussfrüchte

Ihren Namen verdankt sie dem rötlichen Kernholz. Sie hat eine glatte Rinde, glänzende, ganzrandige Blätter und dreieckige Früchte, die Bucheckern. Schon eine Handvoll roh gegessen kann wegen der enthaltenen Oxalsäure Magenschmerzen, Erbrechen oder Kopfschmerzen verursachen. Erhitzen zerstört die Giftstoffe.

ZUBEREITUNG: Im Krieg wurde Mehl für Brot mit Bucheckernmehl gestreckt. Heute als mild-nussiges Öl im Salat oder zu Pilz- und Wildgerichten. Geröstet im Müsli.

Gemeine Hasel, Haselnuss   Sep–Okt
2–7 m · glockenförmige Fruchthülle · Blätter weich behaart

Nicht nur Nüsse hat die Hasel zu bieten: Die Äste dienen als Wanderstock und Flechtmaterial und die Blätter wirken als Tee gegen Krampfadern und bei Hauterkrankungen. Die unauffälligen weiblichen roten Blüten und die männlichen Kätzchen blühen schon im Februar und März. An sonnigen Waldrändern, in Hecken, Parks und Gärten.

ZUBEREITUNG: Studentenfutter, für Kuchen und Gebäck, für Pestos, Nussmus oder selbst gemachte Schokocreme. Das rausgepresste Öl ist ein nussiges Salatöl.

SCHON GEWUSST?

Maronen enthalten kein Gluten und eignen sich bei Zöliakie als Mehlersatz. Der nötige Kleberanteil kann dem Mehl z. B. durch Johannisbrotkernmehl zugesetzt werden.

Ess-Kastanie   Okt

bis 30 m · stachelige Fruchthülle · längliche, ledrige Blätter

Die Nussfrüchte der Esskastanie sind umhüllt von einer stacheligen Hülle, die etwas an einen Seeigel erinnert. Darin liegen 1 bis 3 Nussfrüchte, die Maronen. Die langen Blütenkätzchen im Juni riechen unangenehm nach Fisch. In Deutschland in warmen Weinbaugebieten. ☠ Nicht mit der leicht giftigen Rosskastanie zu verwechseln.

ZUBEREITUNG: Geeignet für Brot, Gnocchi, Kuchen, Pudding oder Mousse. Geröstet schmecken sie natürlich auch pur oder als Beilage zu herzhaften Gerichten.

Echte Walnuss · Sep–Okt

bis 25 m · gefiederte Blätter · große runzelige Nuss

Die Walnuss ist uralt. Die Römer und Griechen brachten sie von Südosteuropa mit. Die begehrten Nüsse sind bis zur Reife von einem grünen Mantel umgeben. Erst wenn dieser schwärzlich wird und aufplatzt, sind die Nüsse reif. Da Walnüsse etwas frostempfindlich sind, gedeihen sie besonders gut in wintermilden Weinbergslagen.

ZUBEREITUNG: Grüne, unreife Walnüsse können eingelegt werden, sie enthalten viel Vitamin C. Reife Nüsse für Kuchen, Müsli, Studentenfutter oder als Walnussöl.

Nützliche Adresse

Naturschutzbund Deutschland (NABU) e. V.
NABU-Bundesgeschäftsstelle
Charitéstr. 3, D-10117 Berlin
www.NABU.de

Giftnotrufzentralen

Berlin: Giftnotruf der Charité
Tel.: 0 30-19 24 0, www.giftnotruf.de

Bonn: Informationszentrale gegen Vergiftungen
Tel.: 02 28-19 24 0, www.giftzentrale-bonn.de

Erfurt: Gemeinsames Giftinformationszentrum
Tel.: 03 61-73 07 30, www.ggiz-erfurt.de

Freiburg: Vergiftungs-Informations-Zentrale
Tel.: 07 61-19 24 0, www.giftberatung.de

Göttingen: Giftinformationszentrum-Nord
Tel.: 05 51-19 24 0, www.giz-nord.de

Homburg/Saar: Informations- und Behandlungszentrum
für Vergiftungen, Tel.: 0 68 41-19 24 0
www.uniklinikum-saarland.de/giftzentrale

Mainz: Giftinformationszentrum Rheinland-Pfalz und Hessen
Tel.: 0 61 31-19 24 0, www.giftinfo.uni-mainz.de

München: Giftnotruf München
Tel.: 0 89-19 24 0, http://www.toxinfo.org

Nürnberg: Giftinformationszentrale
Tel.: 09 11-39 8-2 45 1

Wien: Vergiftungsinformationszentrale Wien
Notruf-Tel.: 01 406 43 43, Tel.: 01 406 68 98
www.meduniwien.ac.at/viz/

Zürich: Schweizerisches Toxikologisches Informationszentrum
(STIZ), Tel.: 044 251 51 51, Notruf-Nr. nur für die Schweiz: 145,
Tel.: 044 251 66 66, www.toxi.ch

Zum Weiterlesen

Beiser, R. (2012): Essbare Wildkräuter und Wildbeeren – Naturführer
für unterwegs. 140 Arten, über 300 Abbildungen, 176 Seiten, KOSMOS.

Beiser, R. (2011): Tees aus Kräutern und Früchten. 267 Abbildungen,
176 Seiten, KOSMOS.

Dreyer, E.-M. (2011): Essbare Wildkräuter und ihre giftigen
Doppelgänger. Wildkräuter sammeln, aber richtig. 254 Abbildungen,
144 Seiten, KOSMOS.

Haag, H. (2012): Mein erstes Welcher Baum ist das? entdecken,
erkennen, erleben. 64 Seiten, ab 7 Jahren, KOSMOS.

Hess, R. (2011): Pilze und Waldbeeren. Regionale Produkte – kochen
und genießen mit gutem Gewissen. 144 Seiten. KOSMOS.

Oftring, B. (2011): Ab in den Wald! 88 mal den Wald entdecken und
erleben. 96 Seiten, KOSMOS.

Oftring, B. (2010): Nix wie raus! 111 mal Natur entdecken und
erleben. 96 Seiten, KOSMOS.

Stichmann-Marny, U. (2012): Mein erstes Was blüht denn da?
entdecken, erkennen, erleben. 64 Seiten, ab 7 Jahren, KOSMOS.

Thiel, K. (2012): Gartenkinder. Pflanzen, lachen, selber machen.
250 Abbildungen, 160 Seiten, KOSMOS.

Die fett gedruckten Ziffern geben die Porträtseiten der essbaren Früchte an,
alle anderen Ziffern verweisen auf weitere Textstellen und Bilder.

Umschlaggestaltung von Walter Typografie & Grafik GmbH. Die Umschlagvorderseite zeigt Schlehen (Foto von Hans Reinhard), die Umschlagrückseite zeigt ein Mädchen mit auf einen Halm gefädelten, wilden Himbeeren (Foto von Holger Haag).

Mit 102 Farbfotos: 2 von G. Blaich (S. U2: 3. Z. re., S. 35); 15 von fotolia.com: I. Bartussek (S. 20), cenzuk (S. 11), Doc RaBe (S. 1: 4. Z. re.), DramaSan (S. 22 re., 52), emer (S. 15 o. re.), C. Jung (S. 22 li.), M. Neuhauß (S. 45, 64: 3. Z. li.), H. Normann (S. 10), C. Papke (S. 24), Schaef (S. 9 u.), C. Schrader (S. U2 o.), sergbra (S. 1: 3. Z. li., 40); 1 von O. Ganss (S. 13); 1 von H. Haag (S. 2/3); 40 von F. Hecker U2: 1. Z. li., 2. Z. li., 4. Z. li., 1. Z. re., 3. Z. re., S. 1: 4. Z. li., 1. Z. re., S. 8, 12, 14 Mitte, 14 re., 14 Mitte, 15 u. re., 16 o. re., 16 o. Mitte, 16 o. re., 16 u. li., 16 u. Mitte, 17 o. Mitte, 17 o. re., 17 u. li., 17 u. Mitte, 23, 28, 29, 31, 34, 36, 41, 43, 44, 47, 53, 54, 55, 64: 2. Z. li., 1. Z. re., 3. Z. re., 4. Z. re., U3: 1. Z. li.); 1 von R. König (S. 17 o. li.); 13 von H. Reinhard (U2: 3. Z. li., S. 1: 1. Z. li., 5. Z. li., 4, 6, 9, 14 li., 15 o. li., 17 u. re., 26/27, 30, 38, 42); 24 von R. Spohn (U2: 4. Z. re., S. 1: 2. Z. li., S. 15 u. li., u. Mitte, 16 u. re., 32, 33, 37, 39, 46, 48, 49, 50, 51, 56, 57, 58, 64: 4. Z. li., 2. Z. re., U3: 2. Z. li., 3. Z. li., 2. Z. re., 3. Z. re., 4. Z. re) und 5 von A. Walter (S. 18, 19, 21, 25, 60/61).

Unser gesamtes lieferbares Programm und viele weitere Informationen zu unseren Büchern, Spielen, Experimentierkästen, DVDs, Autoren und Aktivitäten finden Sie unter **kosmos.de**

FSC
www.fsc.org

MIX

Papier aus ver-
antwortungsvollen
Quellen

FSC® C015829

© 2012, Franckh-Kosmos Verlags-GmbH & Co. KG, Stuttgart
Alle Rechte vorbehalten
ISBN 978-3-440-13352-1
Redaktion: Stefanie Tommes
Gestaltung und Satz: Walter Typografie & Grafik GmbH
Produktion: Markus Schärtlein
Printed in Italy / Imprimé en Italie

KOSMOS.

Die Natur entdecken.

Bärbel Oftring | **Naturlust**

144 S., 241 Abb., €/D 16,99

ISBN 978-3-440-13148-0

Draußen mehr erleben!

Mit diesem Buch wird die Lust auf Natur ganz neu
entfacht. Emotional und abwechslungsreich, mit stim-
mungsvollen Tier- und Pflanzenfotografien, bietet es einen
lebendigen und lehrreichen Jahresstreifzug von Frühlings-
erwachen bis Winterstille. Dazu gibt es spannende Beo-
bachtungstipps, Wissenswertes zur heimischen Flora und
Fauna und kreative Bastel-, Spiele und Rezeptideen. Nie
war es unterhaltsamer, die Sehnsucht nach authentischem
Naturerleben zu stillen.

kosmos.de/natur

Macht Spaß.
Macht Sinn.

Die Natur erleben
mit dem NABU.
Mach mit!

www.NABU.de/aktiv

Hauptsammelzeit im Herbst

Hecken-Rose
Sep–Nov
S. **47**

Eberesche
Aug–Okt
S. **44**

Quitte
Okt–Nov
S. **51**

Sanddorn
Sep–Nov
S. **45**

Elsbeere
Sep–Nov
S. **53**

Weißdorn
Aug–Okt
S. **46**

Rot-Buche
Sep–Okt
S. **54**